京菓子のしおり

――塩芳軒　季節のいろどり

御菓子司・塩芳軒五代目
髙家啓太

淡交社

まえがき

塩芳軒《しおよしけん》は京都・西陣の一角、黒門通中立売上ル飛弾殿《ひだどの》町に店を構えております。創業明治十五年（一八八二年）の和菓子屋です。

この辺りは豊臣秀吉築城の聚楽第《じゅらくだい》跡に位置することから町名や通り名などにその名残が多くあります。城の東の堀にあたる東堀《ひがしほり》町、本丸庭園の池から名付けられた須浜《すはま》町、城のそばに置かれた武家屋敷・黒田如水《じょすい》邸跡にちなむ如水町、店の前の黒門通は聚楽第の鉄門に由来し、飛弾殿町は蒲生《がもう》飛騨守《ひだのかみ》氏郷《うじさと》邸跡にまつわる町名だとか。

絢爛豪華と称えられる聚楽第。その歴史に思いを馳せ、初代が考案したお菓子が代表銘菓「聚楽」。オーブンで焼き上げた饅頭ですが、しっとりとした生地と専用に炊き上げる餡が特徴の、贅を極めた聚楽第とは相反する素朴な意匠のお菓子です。それは他のお店で出されているいわゆる「京銘菓」にも言えることで、華美な彩色や装飾をされたものを見つけるのは難しいかもしれません。故に流行りに左右されることなく今日も作り続けられているのでしょう。

私はこの聚楽第跡の町で生まれ育ち、数年前に五代目として暖簾を受け継ぎました。振りかえってみると、幼いころは西陣織の機《はた》や糸巻の音もあちこちで聞こえ、当時は紅殻格《べんがらごう》子《し》の町家も多く、その中に新たに建てられたモダンな家にあこがれを持っていたことを覚えています。あれから町も人も空気も少しずつ変わり、今も残る昔ながらの京町家は景観重要建造物などの指定を受け、京都市から表彰されるまでになってしまいました。

　これからも時代の必要性に合わせて京都の町も変わっていくことでしょう。京菓子の世界においてもしかり。甘さや大きさ、意匠もゆるやかに変化しています。時には斬新な意匠も目にしますが、それはＳＮＳが背景にありそうです。

　私も数年前から二十四節気に合わせ、ネット上で菓子の写真をアップするようになりましたが、オーセンティックな意匠ではなかなか「いいね！」はもらえません。菓子全体がよりテーマを想像しやすい意匠にシフトしているのではないでしょうか。京菓子は余白を残した抽象的な表現方法が魅力の一つですから、その本質を忘れることなく新たな表現方法を見つけていきたいと思っています。

　春夏秋冬、五節供、二十四節気、雑節、祭事や慶弔に人生の節目。様々な場面で登場する菓子。視覚をはじめ、その菓子が持つ背景や由来を知り、菓銘や風味、食感を通し、五感で楽しんでいただけるように「京菓子の魅力が伝えられたら」と思い筆を執りました。

「しおり」とは木の枝を折って道しるべとしたことから「枝折」とも書くようです。京菓子を作りながら感じたこと、考えていることを「しおり」と題して綴っていきたいと思います。

京菓子のしおり ― 塩芳軒 季節のいろどり

目次

撮影　大道雪代
ブックデザイン　くつま舎　久都間ひろみ
写真提供（108〜155頁）　株式会社塩芳軒

本書に掲載した菓銘は、一部を除き、茶会や茶の湯の稽古で用いられる際のお菓子の銘の提案として示しております。

四季の金団

Kinton of the Four Seasons

一年十二か月、それぞれの月にあわせた金団を調製いたしました。篩《ふるい》にかけ細くしたそぼろで餡を包むのが一般的ですが、手を変え品を変え、金団の範疇を超えないよう、そしてもちろん、味わって美味しいよう、様々な表現方法を試してみました。「縛り」がある分、自由に発想を巡らせることができたのかもしれません。

睦月

はじまりの色

大晦日。いつもより少し早い時間に暖簾を下ろし、「よいお年を……」と恒例の挨拶を交わしながら、皆が家路につきます。迎春菓の用意やご来店のお客様で賑やかで慌ただしかった店先は、幻だったかのように静かになり、歳末を無事に迎えることができたホッとする気持ちとともに、過ぎた一年を思い何処《どこ》か寂しさに包まれる時間が毎年同じように訪れます。

このゆっくりとした時間も過ぎ、除夜の鐘を聞きながら迎える新しい年。しかし、やはりすべてがリセットされて、清々しい気持ちで一年の始まりを実感するのは、新しい年の朝を迎えた時です。その瞬間をお菓子で表現するとすれば、まだ何の色も置かれていない真っ白なキャンバスが朝の光に照らされている様子。日が昇りはじめるころの無垢な情景でしょうか。

白い金団の裾《すそ》に初茜の色、朝日が輝く様子を銀箔で、中の餡はうすい紅色にして年初めの心の色を表しました。

それぞれに思いをもって始まる正月。年賀状、初詣、おせち料理に七草粥。日がたつごとに正月気分が抜けて普段の生活に戻るころ、毎年思い出す言葉があります。「その道に入らんと思ふ心こそ我身ながらの師匠なりけれ」。お稽古を始めたころに教わった利休百首の一首です。今年も日々の精進、研鑽を忘れずに過ごしていこうとあらためて思う言葉です。

如月

梅香るころ

　十二月十三日の「事始《ことはじ》め」は正月の準備を始める日。この日から北野天満宮で授与されるのが大福梅《おおふくうめ》。年の初めのお祝いに、家族揃って、実り多い年になることを願いながらお白湯を注いでいただきます。

　店から歩いて十分ほどの距離には、同志社大学があります。その創立者・新島襄先生の漢詩「庭上一寒梅　笑侵風雪開」の語の通り、寒中を耐えながら梅はその花をつけます。

　この梅の花が咲く二月は梅見月とも呼ばれるのだとか。寒風、風雪の中でつぼみをつけ、一輪また一輪と咲き誇る梅。春告草《はるつげぐさ》、風待草《かぜまちぐさ》、香雪などの別名を持つその風姿はもうすぐ訪れる春の序章のようで、見る者を何だか嬉しく、あたたかな気持ちにしてくれます。

純白で初々しく清い姿の白梅。冬空とのコントラストに華やかさを感じる紅梅。

それぞれが降る雪のもとで香る様子を、白と紅、その中間色を使った三色のそぼろのグラデーションで表し、その上に雪に見立てた氷餅《こおりもち》を散らして仕上げました。

雪もちらほらと降る外の空気は冷たく、あたたかな桜のころが待ち遠しい時季ですが、私どもの店先には「うぐいす」や「下《した》萌《も》え」「雛菓子」などを並べ、ひと足早い春が始まります。

弥生

踏青を想う

その春に最初に聞こえた鶯の鳴き声を初音《はつね》といいます。初音とともに花だよりも聞こえてくる三月は暦の上では春を迎えていても風はまだ冷たく、あたたかな日が待ち遠しい季節です。

バレンタインが過ぎ、雨水のころに飾った雛人形の前では、子どもたちが春の長閑《のどか》なひとときを過ごしています。

お雛さまのお菓子といえば何を思い浮かべられるでしょう？　ひちぎり、菱餅、雛あられ、それとも桃のお菓子でしょうか。

このころは、迎えた春に合わせて貝づくし、蝶や桜、土筆《つくし》、蕨《わらび》などの意匠をかたどった干菓子も店を賑わせます。

その昔は、邪気を払うと考えられていた母子草《ははこぐさ》（ゴギョウ）を一緒に搗《つ》いて練り込んだ草餅を食べる風習があったそうです。後に、「母」と「子」を一緒に搗くのは縁起が悪いとされ、それに代わって蓬《よもぎ》が使われるようになったといわれています。

まだ寒さの残る川辺や野山の小径で、芽吹きのタイミングを見つけようと、そっと顔をのぞかせている草花たち。

一面が緑に覆われる日を楽しみにして、踏青《とうせい》の風景を想いながら、蓬を練り合わせた生地と粒餡で金団を仕上げました。

卯月

めぐる、春

色とりどりの花が咲き、桜色、菜の花色、若葉色などのパステルカラーで彩られる春。

新学期がスタートするころになると、数えで十三歳になる子どもたちが嵐山・法輪寺へ十三まいりに向かいます。

私も両親に連れられお参りをさせていただきましたが、この行事は知恵と福徳を授かるために、虚空蔵菩薩に漢字一字を奉納し、ご祈禱を受ける成人儀礼とのことです。肩上げをされた振袖で着飾った女の子も、スーツで石段を歩く男の子も、これからの輝かしい未来を感じさせてくれ、居合わせた私たちの顔も思わずほころびます。

　この嵐山から桂川沿いに一駅南へ。
川を背に山側に向かうと目に入ってくる朱の鳥居。松尾大社の境内では、初夏を思わすような緑の中で、山吹が鮮やかに咲き誇っています。山吹はジャパニーズ・ローズともいわれ、ほのかな香りはバラの花に似ています。毎年四月になると、同社では数千株の山吹が見ごろを迎えます。

　赤みを帯びた黄色い花が咲く風景を、山吹色と緑という補色の組み合わせで表現しました。コントラストと奥行きを持たせた金団にするために、内側の緑色のそぼろは馬毛の篩《ふるい》を用いて細かくし、外側の山吹色のそぼろは籐《とう》の篩を用いて太くして、花の色がより印象深くなるように仕上げました。

皐月

風薫る

端午の節供を迎え、飾り付けた兜や大将人形の前には粽《ちまき》や柏餅が供えられます。

径二尺ほどの銅鍋で沸騰させたお湯に乾燥した笹の葉を漬けて一呼吸ほど措くと、そこは一瞬にして、清々しい季節を感じさせる爽やかな香りに包まれます。粽を作る時期の工場内の一コマです。

その葉で蒸したういろうを包み、藺草《いぐさ》で巻きます。仕上げにもう一度蒸すと、元は乾燥していた笹の葉も艶のある青々とした凛々しい姿に生まれ変わります。

子孫繁栄の願いを込めたといわれる柏餅は、私どもでは通常使われる上新粉（うるち米の粉）ではなく道明寺粉（もち米の粉）で調製しています。

梅に始まり、桃や桜、ハナミズキなどの赤やピンクの花が彩った春は思い出となり、若葉色に代表されるような、瑞々しい「緑」の表情豊かな季節が始まります。

この新緑の季節に映える印象深い花といえば、ショウブ、アヤメ、カキツバタ、藤や鉄線などの「紫」の花ではないでしょうか。

木漏れ日の間を吹き抜ける風と初夏の花々との共演の様子を思い描き、それぞれの色を振り分けた簡素な意匠の金団に仕上げました。

水無月

梅雨晴を浴びて

六月晦日。

半年の罪穢《けが》れを祓い清めるという大祓の日。

この日に食す夏越《なごし》の菓子「みなづき」は、氷を模した三角形のういろうに厄除《やくよ》けや魔除けの意味を持つといわれる赤い小豆をのせた意匠の菓子です。暑気払いと無病息災を願い作られた菓子といわれています。

私どもの店では、「みなづき」の準備は六月半ばに大納言を選別するところから始まります。それを選り分けるためにバットへ小豆を移す時に鳴る「ばらばらばら」という乾いた音。それを幾度となく聞いていると、「ぱらぱら」と外から聞こえる雨音がとてもやさしく感じます。

しっとりと六月をうるおす雨。その風景に調和する花としてまず思い浮かぶのは、七変化、手毬花の別名も持つ紫陽花ではないでしょうか。

その花咲く様子を白と薄紅の短いそぼろの金団にして、奥に少し葉の緑を覗かせました。紫陽花の花のイメージに近づけるためにそぼろを短くし、エッジを立たせるために、通常の篩ではなく、目の粗い金属の篩を使ってそれを表現しました。

紫陽花が美しく見えるのは？　梅雨晴に陽の光を浴びた時のように思います。今年も様々な色で楽しませてくれることでしょう。

文月

ある夏の日

庭の半夏生《はんげしょう》が白粉《おしろい》を付けたように葉の色を変えはじめます。梅雨明けの合図でしょうか。

雨の季節が終わると、夏の陽射しを感じてか、大人しい色をしていた楓の緑が青々と力強い色に装いを変えていきます。

そのころ、京都の町では祇園祭のお囃子の音色が聞こえ、菓子屋では土用の入りに向けて、あんころ（土用餅）の支度が始まります。店先に葛や寒天を使った見た目にも涼やかな菓子が並び始めるのもこの時季です。その横で並ぶ黒くて重たい姿のあんころ。幼いころはそれを菓子の異端児のように思っていた記憶があります。子ども心にも涼を感じるお菓子を求めていたのでしょうか。

陽を優しく遮り緑陰をつくる青楓。木漏れ日に照らされて輝くせせらぎ。洛北の清滝川や賀茂川の川辺で遊んだ、ある夏の日の記憶。

山あいでの懐かしい風景を思いながら、緑と水が織りあうように、瑞々しくやわらかな寒天を調製し、仕上げに銀箔を散らして、涼やかな金団に仕上げました。

やわらかく仕上げた寒天は固めた状態の時にはその形状を保ってくれますが、包丁を入れるなど、そこに手を加えた途端、表面の膜が壊れ、離水を起こしてしまいます。それゆえ、作ったその場で食べていただかなければならないとても繊細な金団です。

葉月

夜空の出会い

暦の上では秋間近。時候の挨拶も「残暑」へと変わっていこうとしています。八月は毎年、秋のお菓子をいつ並べ始めようかと悩む季節です。

夕暮れのころになっても暑さが和らぐことはなく、夜空の小さな星だけが涼しげに、暑さを癒すように輝いています。

八月に七夕の菓子をご紹介することに違和感を覚える方もいらっしゃるかもしれません。旧暦の七月七日は現在の暦に当てはめると八月の初旬から中旬にあたります。そのころでしたら梅雨空のもとではなく八月の夜空に想いを馳せながら空を見上げていたことでしょう。

紫野の地に鎮座する今宮神社では、旧暦の七夕の神事として、織姫社の祭り「オリヒメヲイツキマツル」が斎行されます。織姫大神に感謝を捧げるこの祭りに私どもではういろう製の「索餅《さくべい》」を献菓します。これは、素麺《そうめん》の原型ともいわれる、唐から伝わった菓子（唐菓子）のひとつに由来するもの。祭儀の後は技芸の上達なども願いながらお下がりをいただきます。

七夕の日に織姫と彦星が出会う夜空の物語。それを思い描きながら作ったこの金団。紫色の夜空に、目の粗さを変えた白いそぼろの天の川。その上にオブラートの粉を振りかけて輝く星々を。そして金と銀の箔で、鵲《かささぎ》の橋が掛かり、出会いの刻を待つ二つの星を表現しました。

長月

秋のたより

　八月の地蔵盆のころになると、陰陽道の祖・安倍晴明を祀る晴明神社では、秋分の日に行われる晴明祭に向けて子どもたちが集まり、鼓笛隊の練習が始まります。その境内には桔梗《ききょう》の花が咲き、なかなか緩まらない暑さの中、ほのかな秋の風情を感じさせてくれます。

　九月を前に、それまでの葛や琥珀の菓子から徐々に秋を思わせるものに変えようと、材料の用意はもちろん、作り手の気持ちも変わろうとしているのですが、季節が追い付いてこないのか、それとも先どりしすぎているのか、まだすっきりと秋を思うことができない複雑な時季。

しかし、九月九日「重陽《ちょうよう》」を迎えると、その日を一つの節目に菓子の彩りも大きく変わっていきます。秋草や雁《かり》、十五夜にちなんだもの。丹波から初物の栗が届くなど、そろそろ山の幸も目にするころです。

その中でもこれからの季節を代表する菓題は、着せ綿に始まり光琳菊、そして寒菊のころまで、長い期間を楽しませてくれる菊の花でしょう。

どこか気品があり、楚々として清冽《せいれつ》な印象も受ける白菊。真っ白の金団に黄色の匂いを覗かせて、凛とした姿を表現しようとシンプルな意匠に仕上げました。

神無月

黄金色のおくりもの

十月に入ると北野天満宮では収穫に感謝し、五穀豊穣を祈願する「ずいき祭」が行われます。ずいき（芋茎）で葺いた屋根、野菜や乾物で彩り、飾られた「ずいき神輿」はとても印象的です。

実りの秋、収穫の秋、スポーツの秋、食欲の秋……。秋は様々な言葉と結び付き表されます。五行思想では、秋の色として白色があてられるようですが、秋風にそよぐ稲穂、山苞《やまづと》、色づき始めた木々の葉を思うと、この季節は黄色や橙、黄金色が似合いそう。

その風情を想いながら、秋の味覚のひとつサツマイモを材料に金団を作りました。

サツマイモは遠赤外線で調理すると糖度が増すということから、石焼き芋を裏漉しし、それに餡を合わせ、着色はせずに自然の色を活かした生地に仕上げました。

金団は中国から伝来した唐菓子のひとつ、餛飩《こんとん》に由来する菓子。栗を材料として作るようになり、その色が黄色いことから、「金飩」や「金団」へと表記も変化していったといわれています。

秋の「色」と文字通り金の団《かたまり》をイメージした金団です。

霜月

雲錦になぞらえて

漢詩「山行」の一節に「霜葉紅於二月花」という語があります。

「霜により色づいた葉は、二月に咲いた桃の花より赤々としている」と訳されています。

まだ残る寒さの中でつぼみをつけ、春の気配と共に咲き始めた桃の花、それに続いた桜花。楓の若い緑が芽吹き、山の緑は五月雨によって、日に日に色濃く着彩されて迎えた灼熱の夏。秋風を待ち遠しく思った季節もすでに過去となり、紅葉や照葉は春の初々しい美しさと対照的に、月日を重ねた魅力を感じさせてくれます。

十一月の菓子の定番に亥《い》の子餅《こもち》があります。古代中国の習俗が日本に伝わり、宮中でも食されるようになったもので、この時期様々な菓子舗の店先に並びます。

今年もあとひと月余り。町に出ると御歳暮やクリスマス、おせち料理の見本が並び、事始めを待たずにひと月早く年末年始の準備が始まっているようです。

まだ早いとは思いながら、この一年を振り返り、日本の四季を象徴する桜と紅葉を共に描いた図案「雲錦《うんきん》」になぞらえて、霞の向こうで花の咲く春の情景と、冬を前に錦が彩る景色を一つの金団に表現しました。

光

師走。毎年朔日に催される北野天満宮の献茶祭は、豊臣秀吉による「北野大茶湯」に由来し、京都のお家元・宗匠が輪番で献茶奉仕されます。錦に染まる御土居《おどい》のもみじ苑、その隣では江戸時代の「上菓子屋仲間」という組合をルーツに持つ菓匠の集まり「菓匠会」が協賛席を持ち、毎年異なる題に合わせた創作菓子の展示もしています。

この日を終えると訪れる、何かと忙しない日々。いつの間にか、鮮やかだった木々の葉も木枯しに舞い、色まで消されたかのようにカラカラと吹き寄せられ、その姿に年の暮れをより近しく感じます。

折々に彩られたこの一年を顧みながら、モノトーンの金団を調製しました。こし餡に黒糖を合せた生地、その中には白の餡。大晦日の夜、瞼《まぶた》に残る印象深い思い出を照らす燈明の灯り。その光を一片の金箔で表現しました。

その傍らに置いたのは、この一年に感謝し、また真っ白な気持ちで新年を迎えたいとの願いを込めた純白の金団です。

「光陰矢の如し」。

振り返るとあっという間に一年が過ぎ去っていきました。そしてすぐに、限られた時間の中で折々、節々に感じられる季節感を菓子に込める一年がまた始まります。

御菓子司
蒸菓子
煉羊羹

京菓子のしおり

Guide to Kyogashi

日々の菓子作りのなかで気づいたこと、感じていることを、思いのままに認め、菓子を添わせました。「京菓子はかくあるべき」と大仰なことを言うつもりはありません。変わるべきところが変わり、変えてはいけないことは変えない。現時点で、私が思う、京菓子の楽しさや面白さ、そしておいしさを表現してみました。

菓銘と歴史と

六月、梅雨前のある日。京都大原にある寂光院に行ってきました。京都市内からは車で三十分ほど。ガイドブックやインターネットで寂光院を調べてみますと、「ひっそりと」「しずかに」などと形容されています。正式名称は清香山玉泉寺寂光院というそうです。

京都から滋賀方面へ国道を進み、緑の中、八瀬を抜けて大原へ。ナビゲーションの案内に任せて交差点から脇道に入ると、奥に進むにつれて自然の中に導かれるかのように道が続きます。到着するとそこには「清香山」という山号通りの光景がありました。受付を通り、石段を見上げると緑が美しく、木漏れ日が印象的で、門をくぐって見た本堂と庭の姿には優しさ、癒しさえ感じます。

寂光院へ向かった理由は二つあります。一つは『平家物語』を通してつながりを感じたからです。

寂光院の歴史には「建礼門院ゆかりの寺」と記されています。壇ノ浦の合戦で平家が滅び、建礼門院は京へ連れ戻され出家します。身を置いたのが寂光院。後白河法皇の大原御幸の折に歌に詠まれた汀《みぎわ》の桜が今も境内に残っています。

私の店の定番商品にも『平家物語』ゆかりの菓子があります。大徳寺納豆を中に入

小口 こごう

小さな大徳寺納豆を入れた和三盆製の落雁。
甘味と塩味のバランスが面白い一口サイズのお干菓子。

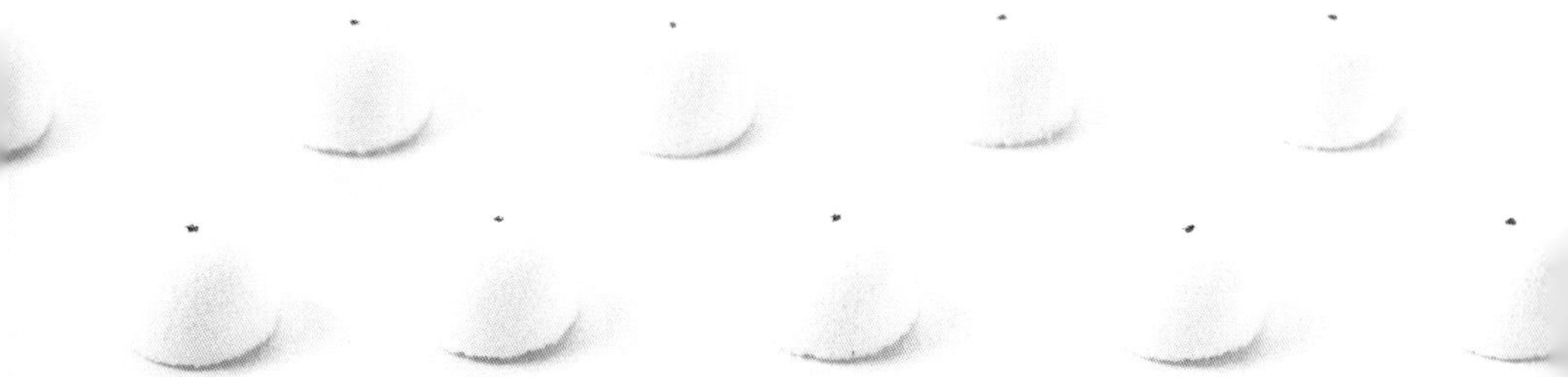

れた落雁「小口」。これを「こごう」と読んでおりますが、この菓銘は『平家物語』にも登場する小督局《こごうのつぼね》を想い名付けられたものです。

小督局とは高倉天皇の寵姫でしたが、平清盛の怒りにより出家させられたそう。琴の名手であり、おちょぼ口で類稀な美しい女性だったといわれています。

白い半球型の干菓子の上に一点の紅を置く意匠を「おちょぼ」と呼ぶことがあります。

真っ白の上用饅頭の場合は、紅を付けると「笑くぼ」や「笑顔」と菓銘が付けられ慶事に用いられています。

この「おちょぼ」からさらに連想し、おちょぼ口から小督局を思い、「小口」と名づけるに至ったそうです。

銘菓○小口
古ごうに通す
かたち小さくて味好し
一ト口にて足るほとに
上品にして色・志
小督の姿をしのぶ
　申　元旦
　　花園八六老人（花押）

という命名にまつわる臨済宗妙心寺派二十二代管長古川大航猊下《ふるかわだいこうげいか》の書が残っております。

ルーツであったり、菓銘の由来であったり、いつもと違う視点から興味をお持ちいただくことで菓子に奥行きが生まれ、楽しみが増幅されるのではないかと思っています。

普段からよく聞く、「松風」「八ッ橋」「落雁」などの菓銘もその由来を知ることで、より趣を感じることができるのではないでしょうか。

もう一つの理由は、豊臣秀吉にまつわるお話です。

この本のまえがきでも紹介させていただきましたが、店の代表銘菓「聚楽《じゅらく》」。これは豊臣秀吉築城の聚楽第《じゅらくだい》にちなむ菓子です。

この城は養子・秀次へと譲られましたが、秀吉が茶々（淀殿）との間に秀頼を授かったことなどから、後に秀次を自害させ、城は跡形もなく破壊してしまいました。

寂光院の本堂は、淀殿と秀頼、徳川家康が再興に尽力したとのこと。本堂前に置かれた桐の紋が透かし彫りにされた鉄製の雪見燈籠も秀頼によって伏見城から寄進されたものだそうです。

このような歴史を知ると、『平家物語』の書き出しにもあるように「盛者必衰」の言葉を思い浮かべます。

つながり、所以、由来、歴史、縁、どのような形かはわかりませんが、ひとつの菓子が幅広いつながりを持つことがあります。これも菓子の楽しみの一つだと思っています。

水のカタチ

上から
雲　せせらぎ　流水　観世水　波頭　巻水　青海波
自由にカタチを変える水。
雨となって降り注ぎ、川となり海に流れ出るまでを表現した有平糖。

「チロルチョコが大きくなり、十円から二十円に値上げされました」

　随分前にそんな話がありました。その理由をご存じですか？　それはコンビニやスーパーなどで必要な、バーコードを表示するスペース確保のためだったそうです。

　バーコードではありませんが、食品を購入するときにご覧になる食品表示。こちらが昨今どんどん大きな面積を取るようになってきています。近年ではカロリー表記も義務化されるようになりました。以前はリサイクルマークも原材料名も表示の必要はなく、私が菓子の仕事に携わり始めたころは賞味期限を書くことすらありませんでした。

　記載する項目が多くなるほど、パッケージのデザインにまで影響を及ぼしてしまいます。また、原材料名を書くようになったころには隠し味が隠し味でなくなったとこぼす同業者もいました。しかし、食品の本当の隠し味は、それが作られた場所の空気とその土地の水なのではないかと思っています。家庭の味、おふくろの味でも空気や水が調味料の役割を果たしているのではないでしょうか。

　和菓子の場合、洋菓子などと比べると空気を抱かせる商品は少なく「どこの空気を使いました」とは言いにくいですが、水は

原材料に表記してもよいくらいの大切な材料の一つだと思っています。

特に生菓子においては、水をどのように保たせるかが良し悪しに大きくかかわってきます。餡はもちろんですが、わかりやすい例では夏の店先に並ぶ、葛《くず》や寒天を使ったものがその代表です。

ここまでは原材料としての水に触れましたが、お菓子には水を意匠化したものがたくさんあります。

カタチのない水をカタチにする。とても面白いと思いませんか。

コップ一杯の水。水は常にカタチを持たぬまま、この世界をうるおし、流れていきます。また、水は色を持たず、まわりの変化によりその色彩を変えます。山を流れる透きとおった水。木々が映り込んで緑に見えることも、深い池では藍色に映ることもあり、文字通り水色に見えることもあります。

生菓子ではどのように水を表現しているのでしょうか。雨や雫を表現する場合、その方法として、錦玉《きんぎょく》を賽《さい》の目に切り、金団の上にのせたり、餡を包んだりすることがあります。梅雨のころのお菓子「あじさい」などによく使われる表現方法です。また秋が近づいてきたころ、ういろうで作った朝顔、桔梗などにその錦玉をのせると朝露に見えてくるでしょう。季節がうつり冬を迎えるころには、色の濃い金団に氷餅《こおりもち》を振りかけると、それは朝露が霜に変わったころの風景を想像させます。氷餅の量を変えると、霜から雪にも変化していきます。

干菓子の場合はどうでしょうか。

先人は山に雨が降り、湧水が流れ出て、川になり、海にたどり着くまでの様々な変化を有平糖《あるへいとう》という飴に託し、表してきました。

有平糖とは一五〇〇年代半ばにポルトガルから伝わったお菓子「南蛮菓子」のひとつです。カステラや金平糖、カルメラや鶏《けい》卵素麺《らんそうめん》と一緒に日本にやってきました。

飴の製造方法には引き飴、吹き飴、流し飴などがありますが、有平糖は引き飴を基本にしています。飴の塊から好みの大きさになるように必要な量を引き出して細工をします。

平らに伸ばして捻じると浅瀬の流れをイメージした「せせらぎ」ができあがります。せせらぎより長めに伸ばして、カーブを二か所つけてやると「流水」の意匠が完成です。

楕円に何重にも巻くと「観世水《かんぜすい》」。これは池をイメージさせるときにも使用します。丸く巻いてみると、それは「巻水」、先だけを丸めて同じ形を二つ合体させると「波頭《なみがしら》」。

昔から変わらないデザインですが、とても完成度の高いものだと思っています。

和菓子の世界における水の役割。カタチや色での表現方法も、材料としての水も和菓子にはなくてはならない大切なものです。

連想ゲーム

最近、ＳＮＳでも和菓子の写真が多く取り上げられるようになってきました。しかし目にするのは生菓子がほとんど。干菓子や半生菓子といったジャンルのものが取り上げられているのはまだ珍しいかもしれません。

瑞々しいものが好まれるのか、細工の面白さが目を引くのか。そもそも干菓子の人気がないからなのでしょうか。それとも食べる機会が少ないからでしょうか。

干菓子は茶席でも持ち帰られることが多い菓子のように思います。有平糖を口にしていて食べきる前にお茶が運ばれてくるなんていうことも……。

このような干菓子ですが、茶会では主菓子として一種のみで供される生菓子とは違い、二、三種組み合わせてお客様に供されることも多く、そのため組み合わせによってはとても面白い世界観をつくってくれることがあります。

これはある大学の茶道部からいただいた干菓子の注文のお話です。

秋ころだったと思います。「次の茶会の薄茶席で使うお干菓子を二種お願いしたいと思っています。相談にうかがってもよろしいでしょうか」と連絡があり、会ってお話することになりました。

秋にちなんだ干菓子数種類を用意してご

蛍雪《けいせつ》

蛍の光、雪あかりを頼りに勉学に励んだという中国の故事をもとにしたお干菓子の取り合わせ。

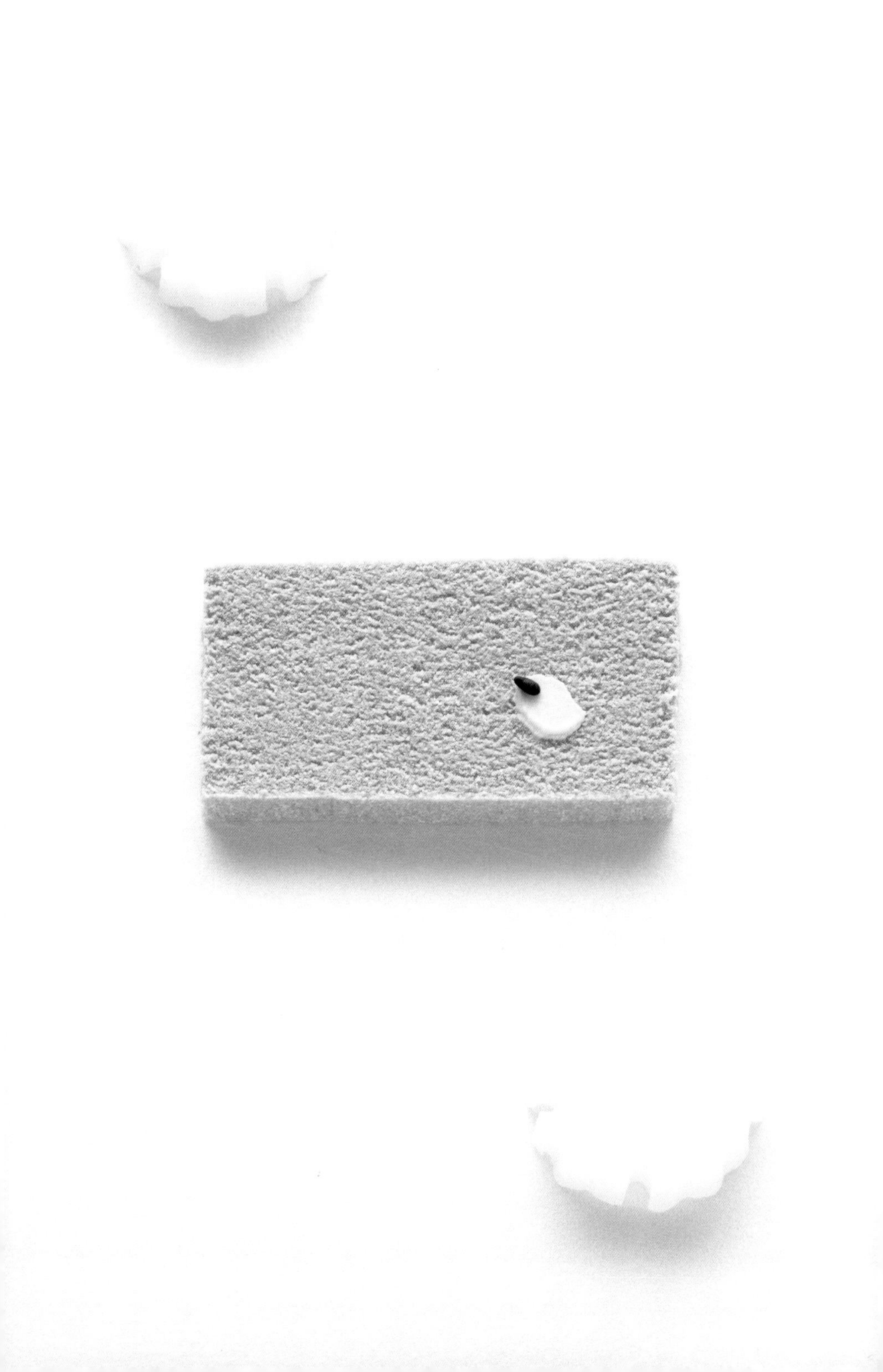

来店をお待ちしておりました。お話を聞いてみると、なんとその茶会のテーマは「勉学」。難題です。

打ち合わせを終え、想像のかぎり、勉強、学ぶ、学校などから連想するものを考え一覧にしました。校舎、教科書にノート、筆、カバン、ランドセル、友達、先生などなど。言葉は出てきますが、お菓子で表現するにはどのような材料を使うべきか。意匠はどうしようか。そこには季節感を取り入れるべきか。

机上で試行錯誤を繰り返す中、ある方に良いヒントをいただきました。

そのヒントから生まれた干菓子は、餡に砂糖や米粉を混ぜ合わせ型に入れて好みの形に包丁で切って作る「切り出し」の「蛍」と、寒天と砂糖を練り固めた「寒氷《かんごおり》」の「雪輪」です。この組み合わせで「なるほど」と納得していただけた方もいらっしゃると思います。これは「蛍雪《けいせつ》」という中国の故事から生まれた言葉に由来します。

蛍の光や窓の雪明かりで、夜中になっても勉学に励んだ苦学生のエピソードから生まれたこの言葉、卒業式に歌われる「蛍の光」の歌詞を思い浮かべる方もいらっしゃるでしょう。

今は明かりに不自由を感じることはないと思いますし、その風景を想像していただくにはなかなか無理があるかもしれません。ですが、ここで菓子を通して、「蛍の光」の歌の話であったり、「蛍雪」の意味であったり、少しでも話題が生まれ、その茶会が盛り上がることがあれば菓子を作ったものとして、とても嬉しいことです。

昔から取り合わせの良いもの、調和するものとしてたくさんの組み合わせがあります。花札にも描かれている「紅葉に鹿」「梅に鶯」。ある言葉を連想させる組み合わせとしては竹に犬で「笑」、瓢《ひさご》を六個描いて「無病」、九頭の馬で「上手く」など。

また、町の風景や名所旧跡などを連想させる組み合わせもあります。京都でのたとえになってしまいますが、「梅と牛」の組み合わせはいかがでしょう。北野天満宮を思い浮かべませんか。

「川に亀」これは鴨川。出町柳の亀形の飛石をイメージしています。

「藤に御所車」、こちらは「葵祭」。

では「嵐山」を表現したいときにはどのような組み合わせが考えられるでしょうか。例えば擬宝珠《ぎぼし》のない橋の欄干で渡月橋はいかがですか。

皆様の周りにも二種類、または三種類のものを組み合わせることでイメージできる風景がたくさんあるのではないでしょうか。

上生菓子 VS 干菓子ではありませんが、干菓子も生菓子に負けないくらいの魅力を持っています。また落雁や琥珀のように型を必要とするものばかりではなく、有平糖、すはま、生砂糖のように自らの手で幾種類にも豊かな表現を可能にする素材もあります。

皆様も干菓子の持つ組み合わせの妙を楽しまれてはいかがでしょうか。

白珪尚可磨

上用饅頭　じょうようまんじゅう

山芋、砂糖、米粉で作られる饅頭。
基本はどこの店も同じだが、味、色、カタチの特徴はそれぞれ。

家業を継ぐ。そう決めて菓子の道へ進んだのは二十代半ばのころでした。

前職を退職して店に入るまでの間、気持ちをリセットするためにバックパックひとつでヨーロッパへ旅に出ました。現地での計画よりも先に片道の航空券を取りましたので、準備もままならず、出発日が近づくにつれて楽しみよりも不安が募る中、出国した記憶があります。勢いに任せた行動でしたが、会社勤めから菓子職人へのシフトチェンジのためには必要な時間で、その後の私にとってとても大切な旅となりました。

その学びの一つがコミュニケーションについてです。

英語ができるわけでもなく、旅程を考えて出発したわけでもなく、行き当たりばったりの旅でしたので、情報のほぼ全ては宿泊先のロビーで日本人を探して得ました。そこでの情報をもとに興味を持った町へと移動します。旅費と時間の節約のため、夜行バスで動くことが多かったので、早朝に到着した町ではその国の通貨へ両替ができず、水一本を買うのにも苦労しました。

様々な場面で、自らの意思を伝えるためのコミュニケーション。言葉ではなく気持ちを前面に出して、身振りや手振りで伝えることも多くありました。飛躍して聞こえるかもしれませんが、そのことが何となく

菓子の表現方法に生きているような気がしています。

茶会の菓子の場合、私たちは菓子を作り、水屋にお届けします。そのあとは、お客様がその菓子を召し上がる現場を見ることは多くありません。ですから、しっかりとテーマを持って、色、カタチ、大きさ、生地、餡、そして菓銘も含めて丁寧にメッセージを伝えられるように思考を巡らせます。

そうして作った菓子に対してご感想をいただくことはありますが、その多くは優しい言葉で、厳しいご意見を聞くことはあまりありません。ストレートなご感想は仰り辛いかもしれませんが、それも京菓子が育っていく一つの糧だと思っています。

話を戻しますと、ヨーロッパへの旅も秋の彼岸が過ぎたころに終わり、京都へと戻ってきました。

帰国後しばらくして店で働くようになり、始めたのが茶道です。

初稽古の日、束脩《そくしゅう》（入門の挨拶料）と月謝、お菓子を持って伺いました。当時の私は束脩という言葉はもちろん知りませんでした。玄関の入り方も、襖の明け方も、挨拶も何と言ったらいいのか、今思えば恥ずかしく思います。

「白珪尚可磨」

「白珪《はくけい》なお磨くべし」と読むこの言葉は、その日、床に掛けられていた掛軸にあった語句です。

先生が教えて下さったのは、「白珪」とは白い玉のこと。磨く必要もないように見える完全な白い玉であっても尚磨き続けなければならないという意味とのことでした。

「利休百首」とともにお教えいただいたこの言葉は私が感銘を受けた言葉の一つです。菓子に例えるならば、慶弔から茶会、普段の菓子としても広く使われている「上用饅頭」に通じるように思っています。

江戸時代の「古今名物御前菓子秘伝抄」に上用饅頭の製法が載っています。

「山芋の皮をむいて卸し金でおろし、うるち米二合と白砂糖一〇〇匁を加えて、すり鉢でよく擦り混ぜる。手を水でぬらし、この種で餡を包み、水に浸して絞った布をせいろに並べて蒸す。餡を包むとき、できるだけ手早くするといいものになる」。

配合や手順は昔から変わらず、どこのお店もこの基本から大きく外れた製法では作っていないと思います。和菓子の技能試験の課題にもなっている菓子で、それだけ技能が比較されやすく、突き詰めるととても難しい菓子です。

芋の調子、米粉の種類や粗さ、餡のやわらかさ、生地と餡のバランス、糖度、蒸し時間、召し上がるまでの保存方法など、すべてが整ってよい菓子といえるのでしょう。より美味しい菓子にするために、それらを整える手間を惜しまないことこそ、「尚磨くべし」の心に通じるのではないかと思っています。

暦に思う菓子

京都紫野にある今宮神社。大徳寺の北側、今宮通に面して楼門があり、それをくぐると奥に境内が広がっています。少し歩みを進めて、右手にある東門の向こうを見ると、「あぶり餅」のお店が南北に二軒、向かい合って商いをされています。きな粉をまぶした親指ほどの大きさの餅が、竹串の先につけられ、炭火で香ばしく焼かれています。その上には白みそのタレがかけられたお菓子です。

　子どものころは参拝の帰りに立ち寄ることが楽しみでした。それは今も続いています。私にとっても、また地域の方にとっても「あぶり餅」は郷愁の味かもしれません。

私たち西陣地域の産土神《うぶすながみ》である今宮神社ですが、四月には京の三奇祭といわれる「やすらい祭」があり、五月には、京都で最大級の大きさともいわれる神輿が氏子地域を渡御する「今宮祭」が斎行されます。

　この今宮祭還幸祭の前日にだけ、私どもの店で作るお菓子があります。

「桜餅」です。

　道明寺粉でこし餡を包み、桜の葉で挟んだ代わり映えのないものですが、他のお店との違いといえば、桜の咲くころに作っていないこと、年に一日しか作らないこと、それに加え塩漬けの葉ではなく青葉を使っていることです。

桜餅　さくらもち

5月半ばに斎行される今宮祭還幸祭前日にのみ作る、
とりたての桜の青葉を使った道明寺製の桜餅。

この季節の俳句に「目には青葉山ほととぎす初鰹」とありますが、春に咲いた桜のあとに芽吹いた葉、それは初夏のころになってもまだやわらかで、とても美しい青色をしています。その年の新葉を使うことで、若いエネルギーと、今宮祭へのことほぎの意味を込め、桜餅という形にして、祭りに合わせて作るようになったのではないかと思っています。

桜餅は朝早くから作ります。できたても瑞々しくお楽しみいただけると思いますが、箱に入れておやつの時間までおいておくと、ほのかに桜の香りが道明寺粉にうつります。桜の若葉が自然の風味づけをして最後の仕上げをしてくれているようで、こちらの桜餅もまた格別です。

昨今は冷凍技術や真空パックなどの保存方法が原材料の鮮度を助けてくれることも多く、流通においても新鮮なものを取り寄せることもできるようになってきましたが、本来はその土地の気候や土で育った産物を使い、その地域の風習によって独自の菓子が誕生し、また育まれてきたのだと思います。

ある神社の宮司さんとお話をする機会があり、暦の話をしていただいたことがあります。

「今は太陽暦が暦として使われています。多くの方は何の疑問を持つことなく、その暦に合わせた生活をされています。しかし、旧暦（太陰太陽暦）の方が私たちの生活にあっていることも多いのです」

そう考えると、五月雨は梅雨のことであり、太陽暦の七夕はその梅雨に当たります。今の暦だと織姫と彦星の逢瀬は数年に一度しか成り立たないかもしれません。

またそのお話の中で印象的だったのは、「もっと古くは、地方ごと、町ごと、村ごとに独自の暦もあったと思います。花が咲く時期も、雪のころも、ところによって違いますから……」

菓子屋は暦を大切にはしておりますが、旧暦で紋日の菓子を作ることは少なく、現在のカレンダーに合わせてしまっているのが現状です。

節供や行事がひと月遅れで行われるとすれば、正月の七草粥の食材も新暦の二月ころと捉えると草の芽が地中から出始める「下萌え」と季節が重なります。三月三日の上巳の節供に飾る桃の花も自然と時期が合います。

上生菓子については二十四節気に合わせて作ることがスタンダードになっていますが、旧暦に照らし合わせながらお菓子を見ていただくと、また違った趣を感じていただけるのではないでしょうか。

砂糖へのこだわり

琥珀羹 こはくかん

寒天と砂糖を煮詰めて和三盆を加え、仕上げに大徳寺納豆を入れた羹。
琥珀色は和三盆の自然の色。

二十年ほど前の話になります。

世紀末やミレニアムともいわれ、あちこちでカウントダウンが行われた一九九九年の大晦日。新しい時代に向けて世界中が明るい未来を思い描いた年越しだったのではないかと思います。

その年、和菓子にちなんだ話題がありました。流行語にもなった「だんご三兄弟」です。そのブームによって町の和菓子屋さんも注目を浴びました。一串四個の団子を三兄弟にちなみ三個にするお店などもあったようです。

この一九九九年は、私にとって本格的に和菓子に向き合うようになった大切な年でした。

四月から一年間、京都府菓子技術専門校（職業訓練校）に通い、菓子の基礎を学び、現在にもつながる同業の友人との出会いがありました。

そして秋になるとＮＨＫ朝の連続テレビ小説「あすか」の放送がスタートしました。奈良で生まれ育った主人公の女性が和菓子職人を目指し、成長していく歩みを描いたドラマです。今年（二〇二〇年）も和菓子職人を描いたドラマが放送されていますが、女性の和菓子職人が増えてきた理由の一つに「あすか」の放送があったといわれています。

ご縁があって父がこのドラマの菓子指導をお手伝いさせていただいたこともあり、私も何度かスタジオで菓子指導や収録の現場を見学する機会がありました。菓子を作る場面の撮影では、役者の方たちの自然な動きに少なからず刺激を受けた記憶があります。

またこの時期は菓子に関わる様々なことに興味を持つようになり、菓子関係の参考書を読むことも多く、ある時に何気なく本棚から手に取った『京都　味の手仕事』という、京都の食と職人さんについてルポ形式で書かれた本は今も時折読み返す一冊です。その中に祖父の言葉が書かれていました。

「……菓子屋がいくらきばったところで、自分一人の技術ではどうにもならん。ええ原材料を育てんと」

祖父が生産者の方とともに育て、今も塩芳軒がこだわる原材料の一つに「和三盆糖」があります。讃岐や阿波で作られる日本生まれの砂糖です。

竹糖といわれるサトウキビから取れた液を煮詰め、灰汁《あく》をとり、酒絞りを応用した精製方法で研いでいきます。すると角が取れたようにまろやかな甘さになり、キメが細かく口どけの良い独特な風味を持った砂糖が誕生します。

今ではスーパーなどでも見かけるようになった和三盆糖ですが、生産者の方に聞きますと、昭和四十年代までは茶道にかかわる方、松江など、江戸時代からの「菓子どころ」に住まわれている方をのぞくと、その名はほとんど知られてはいなかったそうです。また白砂糖と比べると大変高級であったために常時使用している菓子屋も限定的だったと伺いました。

この和三盆を使用することで、商品価値を上げることはできますが、使い方によっては持ち味を活かしきれないということも起こりえます。

以前に和三盆の風味を最大限に引き出す方法を探るための実験をしたことがあります。

これは和三盆を加えるタイミングを変えて二種類の琥珀羹を作るというものです。一つは最初から和三盆を加え、もう一つは冷めてから合わせました。結果、冷めてから和三盆を加えた琥珀羹の方がその風味と甘味をより感じることができました。

私どもの工場では和三盆をはじめ、砂糖や蜜類、独自に配合した液糖を加えると十数種類の甘味を使用しています。

視覚的には同じ菓子でも、使用する砂糖の種類を変えることや、何種かを組み合わせて使用するなど、少しのアレンジで甘さや風味を調整することもできます。

材料を知ること。その特性を活かすこと。これも菓子製造の醍醐味の一つです。

おあつらえ

オーダーメイドやオートクチュール、オリジナルなどともいわれる「お誂《あつら》え」。

最近は店頭に並んだ商品の中から、用途に合わせてお求めになられることが多くなりましたが、ひと昔前は、その日のため、その場のためにお作りする菓子も少なくなかったと聞いています。

今日でもオリジナルの菓子を作ることは時折あります。代表的なものでいえば茶会の主菓子。ご亭主と相談をしてその日の趣向に合わせた意匠を考え、調製させていただきます。干菓子においては、菓子型や焼印などの道具から製作が必要になる場合など、少しハードルが高くなることもあります。

数年前に京都鹿ケ谷の、住友家が収集したコレクションを収蔵する美術館・泉屋博古館で茶会が開かれました。

その時に「今回の茶会のために特別な干菓子はできないでしょうか」と主催者の方から相談を受け、その題材を探すために中国の青銅器が並ぶ展示室を拝見させていただきました。会場でお話を伺いながら順路を歩き、後にそのモチーフとなる青銅器「虎卣《こゆう》」に出会いました。

それは口を大きく開けた虎が人間を抱きかかえているかのような姿です。頭の上には鹿が乗り、側面には龍をはじめとする

虎卣 こゆう

泉屋博古館所蔵の青銅器「虎卣」。
3Dデータを使い、テフロン素材の菓子型で打ち出した干菓子。

文様が描かれています。「卣」とは酒を入れる器のことで祭器として使用されたものだそうです。

「この青銅器を菓子型にして、干菓子を作ることは可能でしょうか」

その問いに「もちろん、大丈夫です」とはとても言い難く、安易な返事はできませんでしたので「相談します」と消極的な受け答えをしたように思います。

この青銅器をどのように菓子として表現すれば良いのでしょう。

迷ったときにはその特徴を活かして抽象的なデザインに仕上げてしまうことが現実的な方法です。しかし今回の場合は失敗すると「ゆるキャラ」のようになってしまう恐れもあります。

それなら完全コピーは難しくても「リアリズム」にこだわろうと、切削機で製作する樹脂（テフロン）素材の菓子型を依頼することにしました。

まずはX線写真を泉屋博古館の方にご用意していただき、菓子型の製作会社とどのようにデフォルメをして形を再現するかを相談しながら、菓子型づくりがスタートしました。

この干菓子は副原料を使用せずに和三盆のみで仕上げたいと考えていましたので、リアルさを求めすぎて細部にまでこだわると、打ち出しが難しくなる可能性があります。製造の効率を考えると、正直なところ側面の文様や細工はできるだけ省きたいと思っていました。

しかし製作会社による３Ｄデータを見ると、側面の細部までが忠実に描かれていました。大丈夫だろうかという不安もありましたが、これまでにはない干菓子を作ることができるかもしれないという期待も持ちながら型の完成を待ちました。

できあがりは想像していた以上のものでした。

しかし私にとっての本番はこれからです。和三盆に水を加え、生地を練り上げます。普段の生地では欠けてしまう部分もあり、型離れの悪い所もあり、何度も生地を調整し、打ち出しの方法を工夫することで、ようやく満足できる干菓子を完成させることができました。

「お誂え」とは注文をいただいて、お納めするだけではなく、関わる全ての方が満足することで成立するものだと思っています。例えば、お茶会の菓子でしたら、召し上がるお客様はもちろん、お客様の喜ぶ姿を見たご亭主にも満足していただかなくてはなりません。緊張感を持って受ける仕事ですが、新たな経験を得て、また一歩成長させていただける達成感のある楽しい仕事の一つです。

和菓子×ドリンク×器

軽羹 かるかん

鹿児島の郷土菓子をアレンジした、柚子皮（左）、
大徳寺納豆（右）を散らして仕上げた軽羹。

和菓子に合う飲み物は？

もちろん煎茶、抹茶をはじめとする日本茶は和菓子と同じ文化で育まれてきましたからその相性に勝るものはないと思っています。

その中でも「羊羹には玉露がいい」とか、「最中はほうじ茶で」など、好みの組み合わせをお持ちの方もいらっしゃいます。それだけではなく珈琲をはじめ、牛乳やトニックウォーターと一緒に召し上がるという話も聞いたことがあります。

和菓子と飲み物、それぞれに多くの種類がありますので、新しい組み合わせに挑戦して、あたらしいペアを発見することができれば和菓子の楽しみ方もまた広がっていくでしょう。

二〇一八年の十二月のことですが、ある文筆家の先生にファシリテーションをとっていただき、塩芳軒の座敷で「和菓子×日本酒」を楽しむイベントを開催したことがあります。

「チョコレートと洋酒が合うように、日本で生まれたもの同士、和菓子と日本酒が合わない訳がない」

このようなコンセプトを持っての企画でした。

しかし「日本酒に合う和菓子とは？」と聞かれてもスムーズに答えは出てきませ

ん。そこでイベント当日、三種類のお菓子を提案してみました。

一つは店の定番商品「梅鶴」です。こちらは梅肉と砂糖、水飴、寒梅粉（もち米を加工したもの）を混ぜ合わせて練り、直径八ミリほどの球体にして和三盆をまぶした干菓子です。丹頂鶴の紅をイメージしたところから菓銘が付いています。

二つ目は「ふのやき」です。こちらは小麦を溶いてクレープ状に伸ばしたうす皮に白みそを塗って巻いた、利休好みのお菓子です。白みその口どけをよくするために少し白餡を合わせました。

そして三つ目は「軽羹《かるかん》」、鹿児島の郷土菓子です。このイベントの時季に新芋が手に入りましたので、大徳寺納豆と柚子を入れたものの二種類を用意しました。

日本酒は京都の女性杜氏の方に三種類をご用意していただきました。

まずは菓子と日本酒の紹介をして、その後、各々の組み合わせを楽しんでいただきました。イベントの最後にはご参加の皆様に感想を伺う時間をとりました。それぞれにお好みがありましたので、ペアの順位を決めることはできませんでしたが、感想の中に一つ印象的なお話がありました。

「日本酒にお菓子を合わせるとすれば、お菓子の大きさも考慮してはどうでしょうか」というご意見です。

確かに単に味を合わせるだけではなく、サイズも合わせていくことで、より良い組み合わせが見つかるかもしれません。互いに寄り添うことで相性の良さも変わってくると思います。

以前、ある百貨店でワイングラスやブランデーグラスなどはその飲み物をより美味しくするためのカタチに仕上がっているという話を聞いたことがあります。

食をより美味しく楽しむために食器がサポートしてくれると考えれば、「和菓子×ドリンク×器」までをマッチングさせた提案も面白いのではないかと思います。

二〇二〇年夏、創業以来初めてだと思いますが、「珈琲に合わせてお召し上がりください」というコピーをつけて餡と最中の詰め合わせを販売しました。

珈琲に合わせるために最中の種（皮）には黒糖を配合し、餡はやわらかめに炊いた粒餡を組み合わせました。珈琲豆や器をセットすることはできませんでしたが、一つ新しい視点をもってお菓子を創造することができたのではないかと思っています。

今後も変わらずにこれまで通りの菓子作りに軸足を置いて歩んでいきたいと思っていますが、一緒に飲み物や器との組み合わせもお楽しみいただけるような提案ができれば、菓子の魅力もより伝えることができるのではないかと考えています。

変えるつもりはないけれど

松の内が明けたころ、暦では大寒。まだ空気は冷たいはずなのに、庭の椿はつぼみを膨ませはじめます。それは毎年同じ時季に見る、同じ景色。庭の草木が春に向けて動き出していることを感じさせてくれます。

その景色を眺めながら、一月末に予定していた「喫茶」のテーマを「椿」にしようと決めて、準備に取り掛かりました。

喫茶をスタートさせたのは二〇一九年。それから月に一度か二度、六畳二間の座敷に毛氈を敷いて、節供や紋日、季節にちなんだお菓子とお茶をお楽しみいただいています。

お茶会ではありませんので点前座の設えはありません。お越しいただいた方から順番に案内し、京町家でのひと時を過ごしていただいています。

なぜこの「喫茶」をはじめたかと申しますと、塩芳軒の店舗が平成十四年に歴史的意匠建造物、平成二十九年に景観重要建造物、歴史的風致形成建造物の指定を受けたことがきっかけでした。

菓子の製造と販売だけではなく、この建物を活かして和菓子の文化と町家の魅力を発信したいと思いました。

そのための環境を整えるため、改装をスタートしました。

つばひもちひ

源氏物語にも登場する菓子。
当時は糒（道明寺）の生地に甘葛の液糖を使ったといわれている。

母屋は大正初めの建物で、これまでに幾度となく、時代に合わせて利便性のために手を加えられてきました。今回の工事は平成から令和に向けて新しい時代へ対応させるための工事ではなく、少しでも昔の姿に戻すことを目的としていました。

今すべきことは、現代の様式に合わせることではなく、よりかつての姿に近い状態にすること。快適、便利な環境よりも、不便なくらいが菓子の文化や歴史を伝えるのには良いのではないかと考えたからです。

工期は三年ほど掛かりようやく完成。そこからは備品の調達です。蔵を整理し、茶道具屋さんにお世話になり、初めての喫茶は上巳の節供に合わせて雛を飾り、お菓子は「ひちぎり」を用意し、お客様を迎えました。

さて、冒頭の「椿」をテーマにした喫茶ですが、椿の絵に「真味深」と認《したた》められた画賛の掛軸に、床の横、地袋には椿の花を置き、汲み出しには陸前高田より取り寄せた「椿茶」を用意しました。茶碗は椿の絵付、そしてお菓子は「つばひもちひ」（椿餅）。椿づくしで揃えてみました。

「つばひもちひ」は源氏物語にも登場する日本で最古のお菓子ともいわれています。

糒《ほしいい》でこし餡を包み、椿の葉で挟んであります。糒とは道明寺粉のことで、蒸したもち米を乾燥させて砕いたもの。水につけると炊いた状態に戻ることから、戦の時には竹筒に入れて兵糧としたという話もあります。平安時代には紫式部も召し上がったことでしょう。

時代を超えて先人とつながりを持てることも、お菓子の楽しみの一つかもしれません。

しかし、菓銘やカタチは一緒でも味はかつてとは全く違うものと言ってよさそうです。

平安時代には今のような砂糖があるはずもなく、甘味は樹液を煮詰めたものだったそうです。

実は戦前と今日を比べてみても、お菓子の大きさや色づかいが変わってきています。私の店の場合、二十年前と今では餡における砂糖の使用量が減ってきています。

変えるつもりはないけれど、時代の流れの中でお菓子は柔軟に変化してきたのではないでしょうか。時代に合わせて変化してきたからこそ、今も愛されているのでしょう。しかし変わってはならないこともあるはずです。

迎えた二〇二〇年、世界的に流行した感染症の影響により時代はいつにも増して大きく変化しました。自宅で過ごす時間が増え、そのひとときを楽しんでいただくためのお菓子というあり方もあるのではないかと思います。

これから先、お菓子に求められるものは変化していくでしょうが、日々の生活に「うるおい」をもたらすようなお菓子を作り続けたいと思っております。

節——日々日々

着せ綿　きせわた

重陽の節供の着せ綿を意匠化したこなし製の菓子。
綿は馬毛を使った篩で作った細かなそぼろで表現している。

店の床の間に時折掛ける「日日日日又日日」と書かれた軸。東大寺別当などを務められた清水公照和尚の書で、言葉だけではなく独特な書体も好きな掛軸です。

これに似た言葉に、中国殷の時代、湯王の洗面器に刻まれていた「日々新又日新」（日々に新たにして、又た日に新たなり）という語句があります。様々な捉え方があるようですが、その一つに「毎日の向上と進歩」という解釈があります。

私たちの仕事は、短期間で大きく進歩することはありません。しかし、移り変わる時代に合わせて柔軟に対応してきたことで今日の和菓子があると思っています。

この和菓子の世界に携わる中で、私が日々大切にしているものに暦があります。この本を執筆するにあたり、今年の本暦を読み返してみました。とても薄い冊子ですが、その年の略暦、暦注、運勢や日出入時刻、潮の干満時刻などが書かれています。とりわけ私が必要としているのは祭事、節気や旧暦で、季節のお菓子を入れ替えるタイミングや、二十四節気、雑節を知るために使っています。

一月から順にページをめくっていきますと、私の手元にある本暦には、五節供、二十四節気や雑節などが少し大きな字で強調して書かれています。ほかにも祭りをは

じめとする行事や催しも同じように強調して記載されています。節目になる日が大切にされているからこその表現であり、暦においては一つのキーワードとしての意味も持っているのではないかと思っています。

もちろん和菓子においても、「節」はとても重要で、それに合わせて作られるものは少なくありません。

まず五節供のお菓子では、上巳には「ひちぎり」や「菱餅」があり、端午は「粽《ちまき》」「柏餅」が使われ、重陽の日には「着《き》せ綿《わた》」を作ります。それぞれのお菓子には意味があり、子孫繁栄、長寿、厄除けなどの願いが込められていたりもします。

雑節においては、お彼岸のおはぎ、土用のあんころ餅（土用餅）、年中行事では六月三十日の水無月、中秋の名月の月見団子、亥の月亥の日の亥の子餅などがあげられます。

これらのお菓子を作るとき、今日では新暦に合わせることも多くあり、時には実際の季節との大きなずれを感じることも少なくありません。

例えば重陽の節供。今のカレンダーではまだまだ暑さの残る時期です。上賀茂神社や市比賣《いちひめ》神社、嵐山の法輪寺などでは重陽の祭事が行われていますが、参拝者の服装はまだ半袖が多く、ハンカチや手ぬぐいで汗を拭われている方も見受けられます。

菊の節供ともいわれる重陽に作るお菓子「着せ綿」。これは重陽前夜に菊花に真綿を被せ、翌朝、菊の露と香が移った真綿でからだを拭いて長寿を願う宮中の習わしに由来します。

明治に入り、新暦が用いられるようになり、現在の九月九日では菊の花が咲くにも、露が降りるにも少し早く、季節と行事が合わなくなってきました。

二〇二〇年のカレンダーで旧暦の重陽を見てみますと、十月二十五日にあたります。また二十四節気は十月初旬が寒露、七十二候においては十月半ばが「菊花開」になっていますので、やはり旧暦に合せることでより趣を感じられるのではないかと思っています。七夕の節供にしても新暦では梅雨の最中ですし、他の節供や行事においても同様のことがいえるのではないかと思います。

このようにそれぞれの行事はその時季の気候に合わせて成り立っていたようです。また本暦の綴り方からも、「節」は古くから大切にされてきたことがうかがえます。

節は英語で「Turning Point」とも訳されるようです。生活様式や社会の情勢、気候におけるまで変化の著しい現代は、長い歴史を持つ京菓子にとっても一つの大きな「節」に数えられるでしょう。

この新たな節目に「日々新又日新」の言葉を想い、日々成長していきたいと思っています。

京菓子の生まれるところ

Kyogashi-making Factory

西陣に構える店舗の敷地内に、菓子を作る工場があります。用いる鍋もかまども、もう何十年も使い続けているベテラン選手。創業以来変わらぬ手仕事で、菓子を作り続けています。

右頁　干菓子を作る。今は職人が減り、菓子型も貴重なものに。
左頁　上用饅頭（71頁）などに代表される蒸し菓子作り。せいろから湯気が立つ。

祀符
火廼要慎

右頁　塩芳軒の代表銘菓「聚楽」。一点ずつ特製の餡を皮に包んでいる。
左頁　聚楽には、豊臣秀吉が聚楽第を造立した年号にちなみ「天正」の印を押す。

右頁　ふわふわした生地が特徴の羽二重餅。生地を練る工程は骨の折れる作業。

左頁　毎日立つ工場は、季節のうつろいが音や光として感じられる定点観測の場。

京菓子と暦

Kyogashi and the Calendar

二十四節気にあわせて、塩芳軒のお菓子をご紹介いたします。繊細で豊かな京菓子から、うつろいゆく日本の季節をお愉しみください。

※二十四節気とは、一年を二十四に等分して区切った期間につけられた名前で、季節や生活の目安を知らせてくれます。
立春から「春」が始まり、「立夏」「立秋」「立冬」と、それぞれの季節が始まります。この四季をさらに六つに分けています。

立春

りっしゅん

2月4日頃

上

おかめまんじゅう

［生地］上用

［餡］こし餡

下

光る風

［生地］ういろう

［餡］白餡

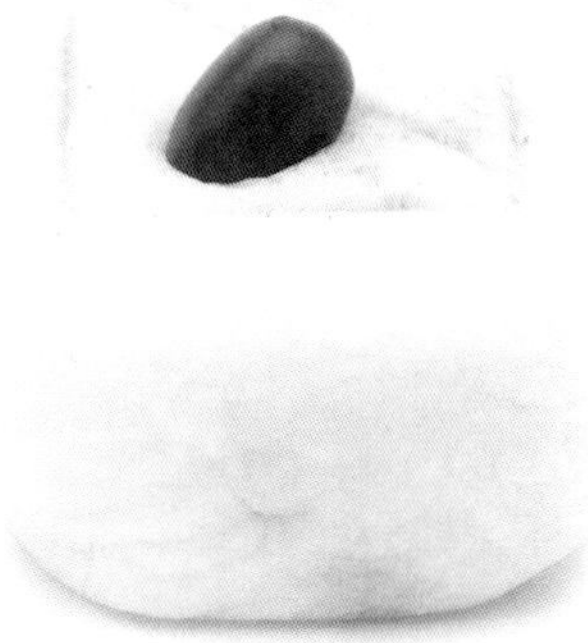

上

福は内

［生地］羽二重

［餡］白餡・粒餡

下

下萌え

［生地］薯蕷餡

［餡］白餡・粒餡

雨水

うすい

●2月19日頃

上
雪しろ
［生地］薯蕷餡
［餡］こし餡

下
桜橘
［生地］薯蕷餡
［餡］粒餡

上

花の兄

［生地］こなし

［餡　］こし餡

下

春かすみ

［生地］浮島

［餡　］蒸羊羹

啓蟄

けいちつ

——● 3月6日頃

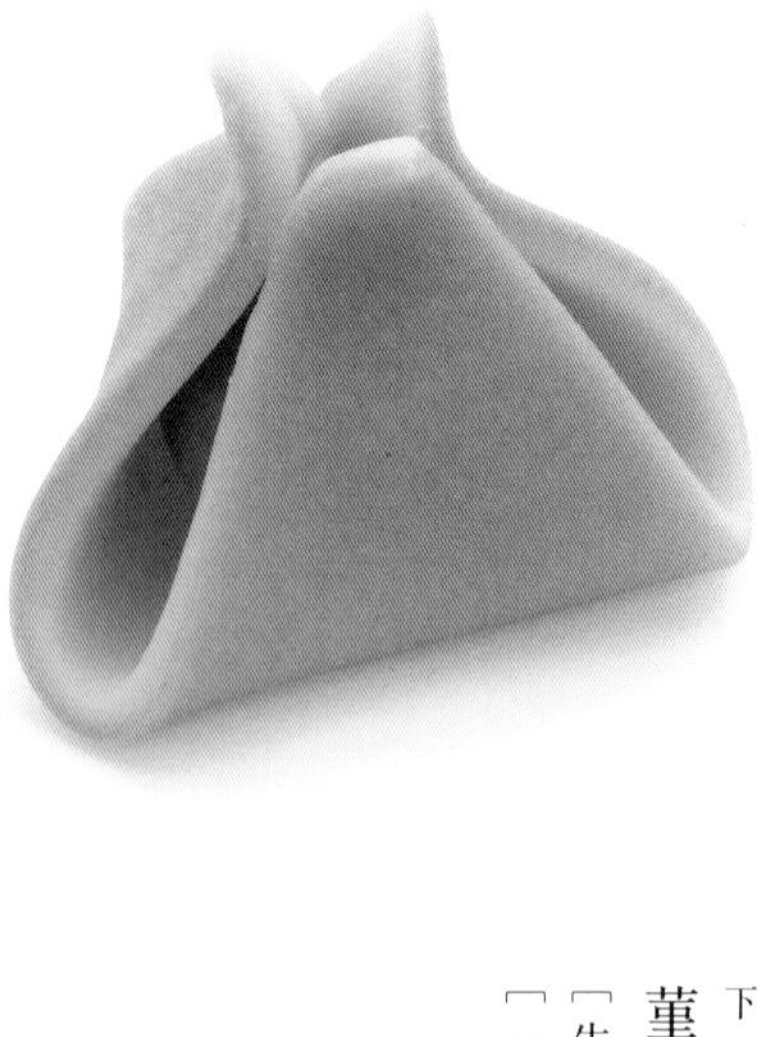

上
桃花
〔生地〕薯蕷餡
〔餡〕こし餡

下
菫
〔生地〕こなし
〔餡〕こし餡

上
野の春
［生地］浮島
［餡］よもぎ入蒸羊羹

下
こころの春
［生地］ういろう
［餡］白餡

春分

しゅんぶん

● 3月21日頃

上

春つばき

[生地] 道明寺

[餡] 白餡

下

野遊び

[生地] よもぎ入羽二重

[餡] 粒餡

上

春めく

［生地］薯蕷餡

［餡］こし餡

下

春のどか

［生地］薯蕷餡

［餡］粒餡

清明

せいめい

4月5日頃

上

花見団子

［生地］ういろう

よもぎ入こなし

薯蕷餡

［餡　］白餡（ういろう）

下

花のかげ

［生地］黄味しぐれ

［餡　］白餡

上
花いかだ
［生地］吉野羹
道明寺羹

下
花笑み
［生地］羽二重
［餡］白餡

穀雨

こくう

4月20日頃

上

岩根つつじ

［生地］薯蕷餡

［餡］粒餡

下

花空木

［生地］薯蕷餡

［餡］白餡

上
若楓
［生地］よもぎ入羽二重
［餡］粒餡

下
滴水
［生地］葛
［餡］白餡

立夏

りっか

5月5日頃

上
かきつばた
［生地］ういろう
［餡］黄味餡

下
青時雨
［生地］葛
［餡］白餡

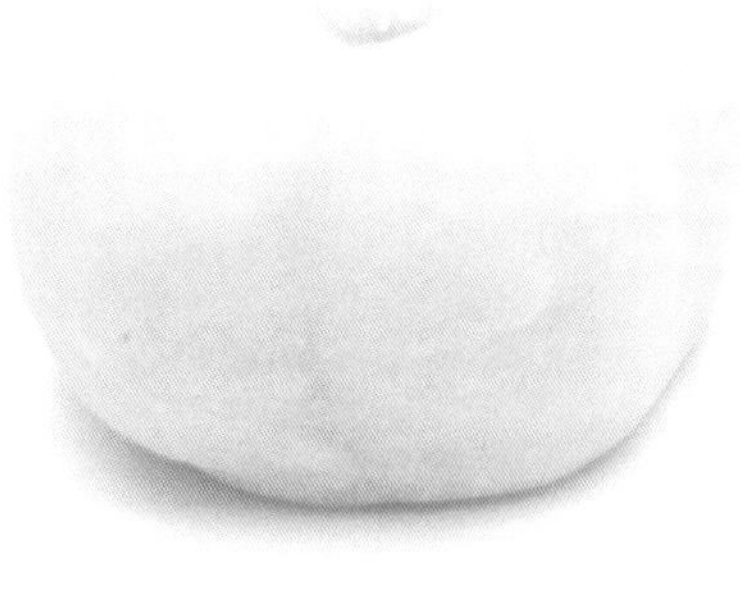

上
あやめぐさ
［生地］ういろう
［餡　］白餡

下
花みずき
［生地］羽二重
［餡　］白餡

小満

しょうまん

5月21日頃

上
青梅
［生地］こなし
［餡］白餡

下
落とし文
［生地］こなし
［餡］白餡

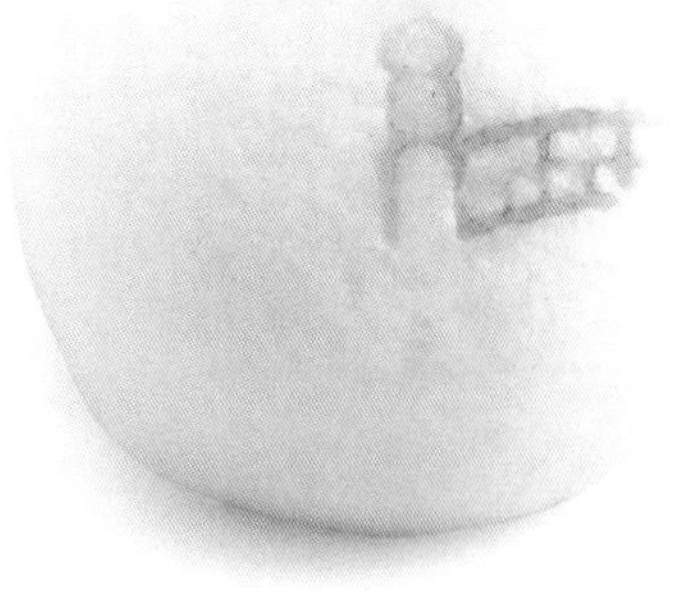

上

雨いろ

［生地］ういろう

［餡］白餡

下

川床涼み

［生地］上用

［餡］こし餡

芒種《ぼうしゅ》

6月6日頃

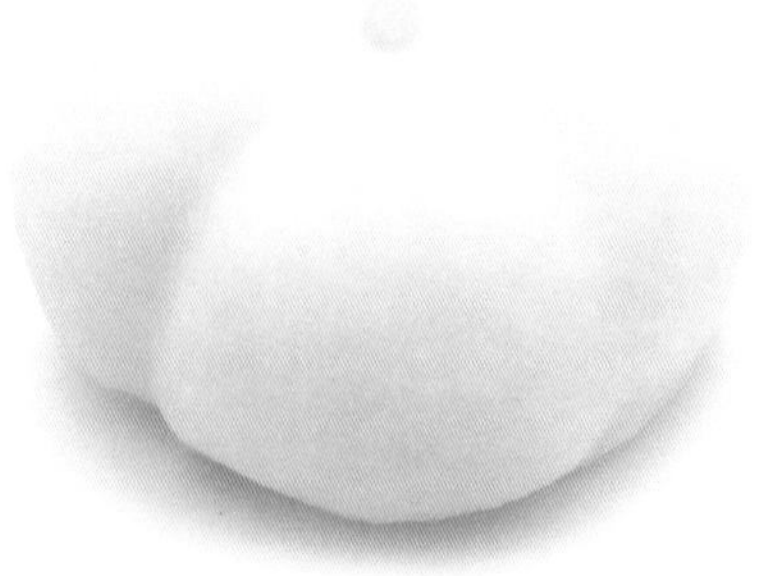

上
よひら
［生地］羽二重
［餡］白餡

下
梅雨空
［生地］薯蕷餡
［餡］こし餡

上
梅の雨
［生地］葛
［餡］白餡

下
梅雨色
［生地］こなし
ういろう
［餡］白餡

夏至《げし》

6月21日頃

上
笹水ようかん
［生地］水羊羹

下
半化粧
［生地］ういろう
［ 餡 ］白餡

上
水かがみ
［生地］道明寺羹
［餡］大納言

下
雨あと
［生地］薯蕷餡
［餡］白餡

小暑《しょうしょ》

7月7日頃

上
花氷
［生地］葛
［餡］白餡

下
宵の夏
［生地］黒糖葛
［餡］こし餡

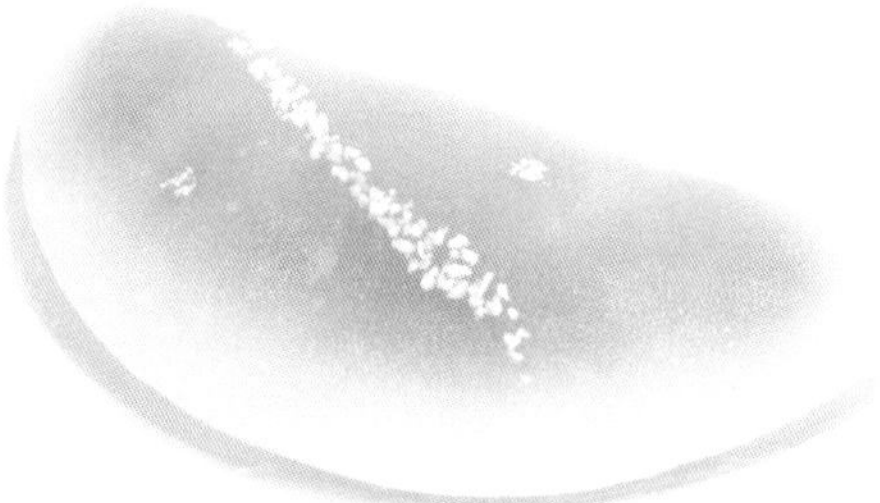

上
夜空
［生地］ういろう
［　餡　］粒餡

下
星涼み
［生地］吉野羹
水羊羹

大暑

たいしょ

7月23日頃

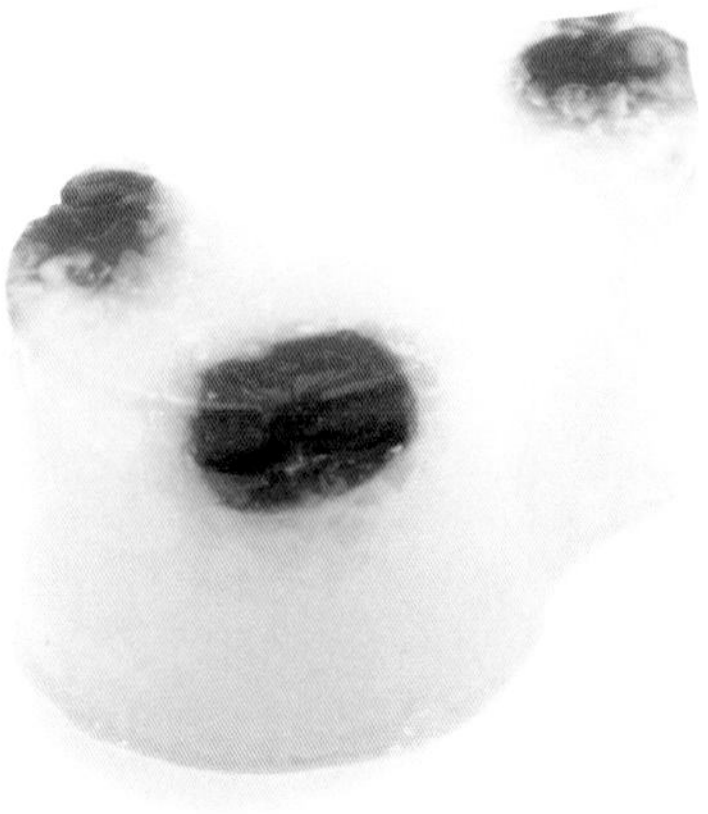

上

ひさご

［生地］道明寺羹

［餡］大納言

下

待宵草

［生地］羽二重

［餡］白餡

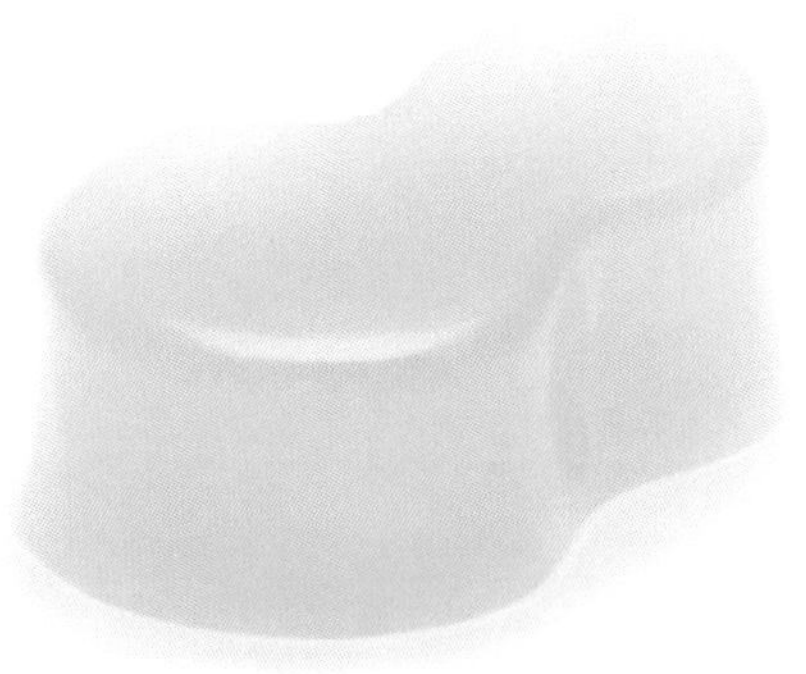

上

柳陰

［生地］吉野羹
味甚羹

［餡］大納言

下

青ふくべ

［生地］吉野羹

［餡］白小豆

立秋

りっしゅう

8月7日頃

上
虫の音
［生地］ういろう
［餡］白餡

下
秋すだれ
［生地］錦玉
［餡］白餡

上

玉雫

［生地］葛

［餡］白餡

下

庭の秋

［生地］ういろう

［餡］白餡

処暑《しょしょ》

●8月23日頃

上
こかげの秋
［生地］ういろう
［餡］白餡

下
夕とんぼ
［生地］焼き皮
［餡］白餡

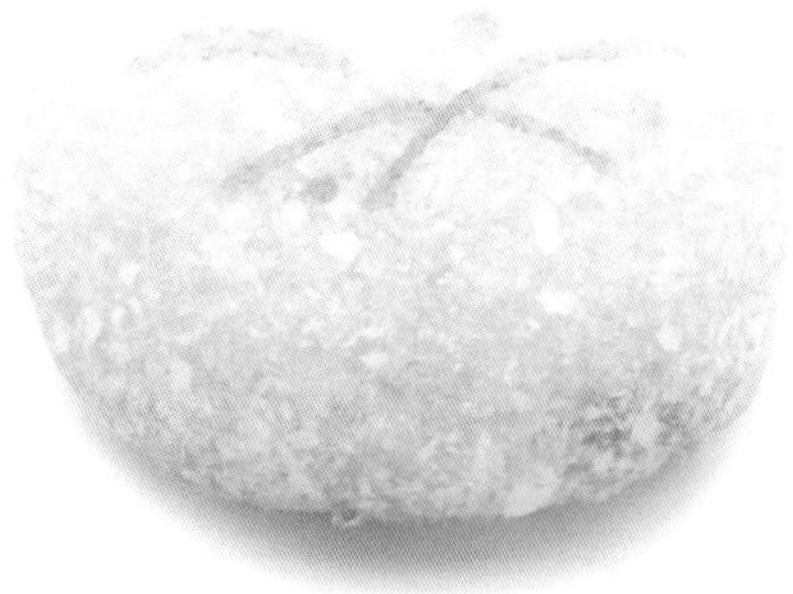

上

里の秋

［生地］葛やき

下

野路の秋

［生地］道明寺

［餡］白餡・粒餡

白露

はくろ

9月8日頃

上
あかね空
［生地］松風
蒸羊羹

下
菊の風
［生地］鹿の子
［餡］白餡

上
秋霖
［生地］薯蕷餡
［餡］こし餡

下
月影
［生地］葛
［餡］白餡

秋分

しゅうぶん

——● 9月23日頃

上
菊日和
［生地］羽二重
［餡］白餡

下
山づと
［生地］こなし
［餡］丹波栗

上

秋の夕

［生地］羽二重

［餡　］白餡・粒餡

下

菊の秋

［生地］薯蕷餡

［餡　］粒餡

寒露

かんろ

10月8日頃

上
月うさぎ
［生地］上用
［餡　］こし餡

下
まさり草
［生地］ういろう
［餡　］白餡

上

菊かさね

［生地］こなし

［餡　］こし餡

下

夕あかり

［生地］上用

［餡　］こし餡

霜降《そうこう》

10月23日頃

上
風の色
［生地］こなし
［餡　］こし餡

下
山路
［生地］村雨
［餡　］こし餡・栗

上
菊の香
「生地」薯蕷餡
「餡」白餡

下
秋まつり
「生地」こなし
「餡」白餡

立冬

りっとう——11月7日頃

上
雪待
［生地］薯蕷餡
［餡　］粒餡

下
小春日
［生地］羽二重
［餡　］白餡

上
銀杏落葉
[生地]焼き皮
[餡　]こし餡

下
残り秋
[生地]焼き皮
[餡　]白餡

小雪

しょうせつ

11月22日頃

上
凩
［生地］道明寺
［餡］白餡

下
不香の花
［生地］あわもち
［餡］こし餡

上

山の暮

［生地］薯蕷餡

黒糖餡

［餡］白餡

下

冬の朝

［生地］浮島

［餡］抹茶羊羹

大雪

たいせつ——●12月7日頃

上
冬木立
［生地］上用
［餡］こし餡

下
雪晴
［生地］こなし
［餡］白餡

上

雪の朝

［生地］羽二重

［餡　］白餡

下

雪の原

［生地］薯蕷餡

［餡　］白餡

冬至

とうじ

12月22日頃

上

星灯

［生地］薯蕷餡

［餡］こし餡

下

冬の香

［生地］上用

［餡］こし餡

上
おこし火
［生地］黄味しぐれ
［餡 ］こし餡

下
冬黄葉
［生地］こなし
［餡 ］白餡

小寒《しょうかん》

1月6日頃

上
初春の雪
［生地］こなし
［餡］白餡

下
あけぼの
［生地］こなし
［餡］白餡

上

初日の出

［生地］鹿の子

［餡　］白餡

下

冬暁

［生地］羽二重

［餡　］白餡

大寒

だいかん

1月20日頃

上
松の雪
［生地］村雨
大納言羊羹

下
萌し
［生地］薯蕷餡
［餡］白餡

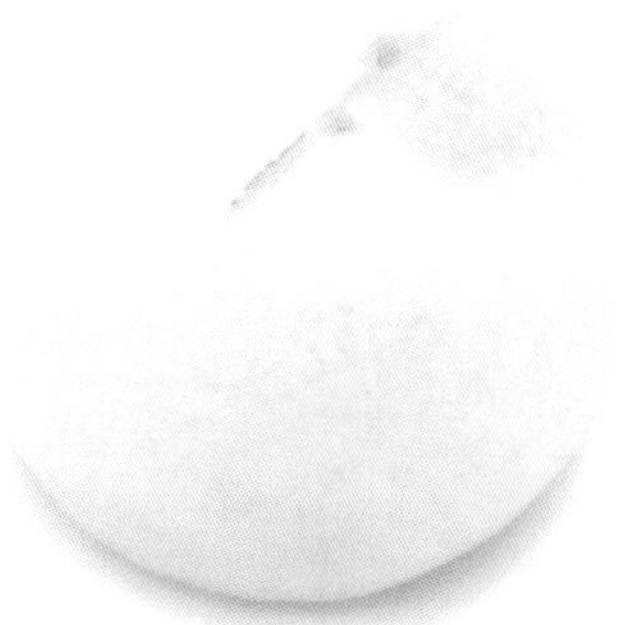

上

春想う

［生地］上用

［餡］こし餡

下

寒の星

［生地］酒饅頭

［餡］こし餡

あとがき

ようやく原稿を書き終え、達成感と安堵感の中、この本の出版までを振り返ってみました。

塩芳軒のウェブサイトをリニューアルし、二十四節気に合わせた菓子を紹介しはじめたのが二〇一五年。この年、月刊「淡交」において、お菓子についてのご著書もある茶道家の鈴木宗博先生と対談させていただきました。その三年後に同誌の扉頁を一年間担当するお話があり、テーマを何にしようかと鈴木先生に相談したところ「いちばん京菓子らしいお菓子といえば金団でしょう」とのお答え。「四季の金団」と題して、菓子の創作とその解説の執筆がはじまりました。

金団は基本的には同じシルエットですが、色づかいとそぼろの付け方、それに菓銘が添えられることでその全てが表現されます。

菓銘がクイズのヒントだとすれば、ヒントが出される前に答えられた時の心地よさ。想像力を存分に発揮するシチュエーションを与えてくれます。また特徴をとらえてぼんやりと表現することで徐々にピントが合うかのように菓銘をイメージすることもできるのではないでしょうか。中には菓銘を変えるだけで異なる季節にも使えるものもある、とても面白いお菓子です。

そしてこのたびの『京菓子のしおり』。

京菓子の魅力を伝えたいと思いをもって綴りました。京菓子は抽象的であるゆえに引き算で成立する表現方法を持ち、その余白が想像力を与えます。以前、京都画壇の展覧会を見に行った時、紗《しゃ》の着物に団扇を持った女性が描かれた掛軸の説明を受けたことがあります。女性の視線の先、それは絵には描かれていませんでした。構図の中には納まらない遠くを見ているのでしょう。

その姿から想像すると、夕焼けか、花火か、それとも何かに思いを巡らせているのか。題を見ると「待月」と書いてありました。

この「想像する楽しみ」を京菓子を通して伝えていきたいと思っています。

結びに、この本の出版に携わっていただいた皆様に感謝申し上げます。

令和二年十一月

髙家啓太

塩
塩
御菓子司
蒸菓子
煉羊羹
聚楽饅頭
調進所
塩芳軒

塩芳軒《しおよしけん》

創業は１８８２年。暦応四年（１３４１）に中国から来日し、日本で初めて饅頭をつくったと伝えられる人物・林浄因の流れを汲むといわれる京の名店「塩路軒」から初代・高家芳次郎が別家するかたちで創業。天下統一を果たした豊臣秀吉が築いた豪壮な城郭・聚楽第。その鉄門が面していたとされる黒門通に店を構える。

黒染めの長のれんと水引のれんを象徴とする大正初期に完成した店舗は、景観重要建造物及び京都市歴史的意匠建造物にも指定されている。

〒６０２－８２３５
京都府京都市上京区黒門通中立売上ル
飛弾殿町１８０
電話　０７５－４４１－０８０３
営業時間　９時〜17時30分
定休日　日曜・祝日・月1回水曜日（不定）

高家啓太《たかやけいた》

御菓子司・塩芳軒五代目主人。１９７３年京都生まれ。嵯峨美術短期大学卒業後、グラフィックデザインの仕事を経て、塩芳軒に入社。

京菓子のしおり
―塩芳軒 季節のいろどり

主要参考文献

『京菓子』（赤井達郎著・平凡社・1978年）
『京都　味の手仕事』（京都新聞社編・京都新聞社・1984年）
『古今名物御前菓子秘伝抄』（鈴木晋一訳・教育社・1988年）
『和菓子の系譜』（中村孝也著・国書刊行会・1990年）
『五節供の楽しみ　七草・雛祭・端午・七夕・重陽』
（冷泉為人著・淡交社・1996年）

協力

森崎美穂子
ブルース・濱名宗整

令和三年一月八日　初版発行

著　者　高家啓太
発行者　納屋嘉人
発行所　株式会社 淡交社
本社　〒六〇三―八五八八
京都市北区堀川通鞍馬口上ル
営業　〇七五―四三二―五一五一
編集　〇七五―四三二―五一六一
支社　〒一六二―〇〇六一
東京都新宿区市谷柳町三九―一
営業　〇三―五二六九―七九四一
編集　〇三―五二六九―一六九一
www.tankosha.co.jp

印刷・製本　大日本印刷株式会社

ISBN978-4-473-04430-3